OFFICE I

新空间——办公 I

《新空间》编辑组 编

张晨 译

辽宁科学技术出版社

OFFICE 1

新空间——办公 1

ALA DE REUNIONES

005

006

007

009

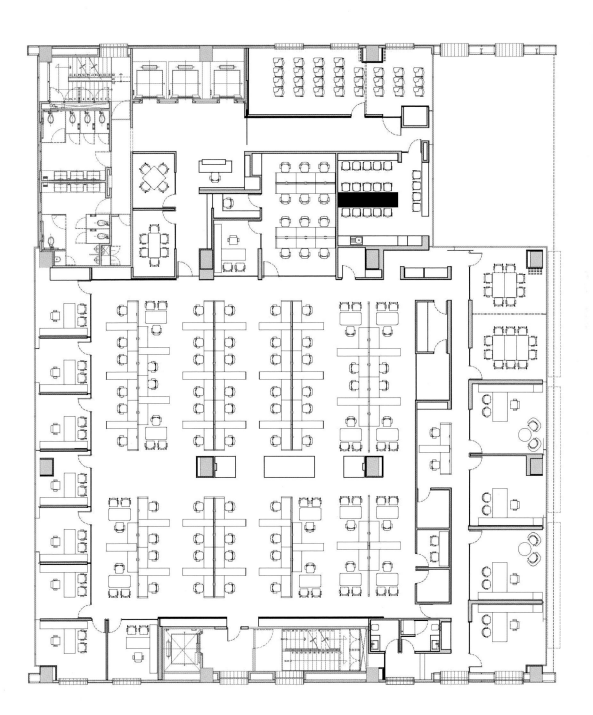

011

012

013

014

016

017

018

020

022

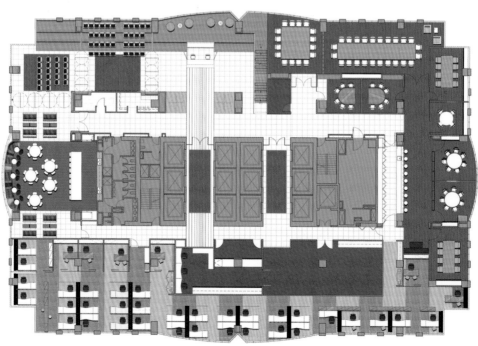

024

025

027

029

031

032

033

034

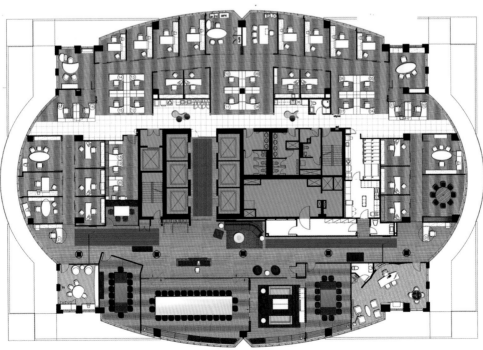

035

036

Salle CONECTO

043

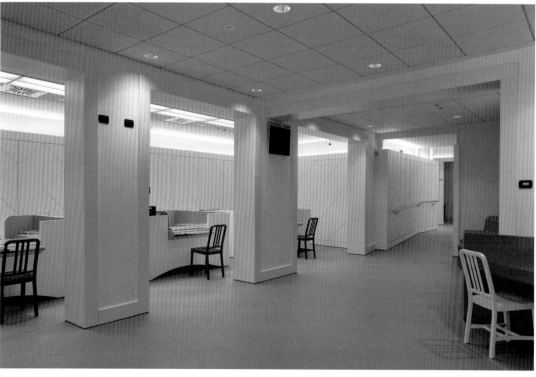

044

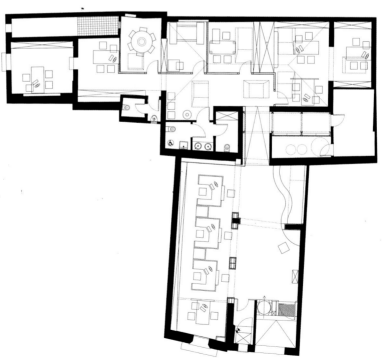

045

047

048

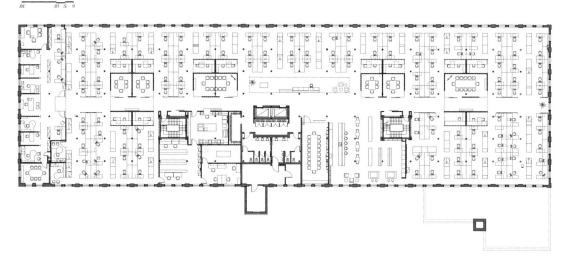

049

051

055

056

057

061

065

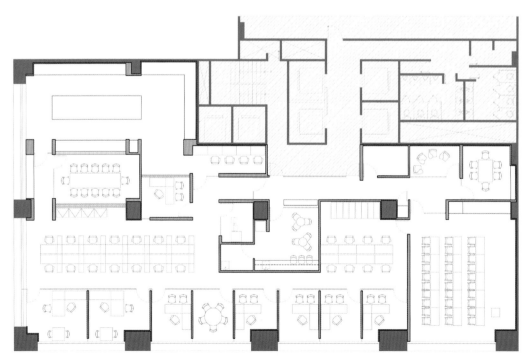

067

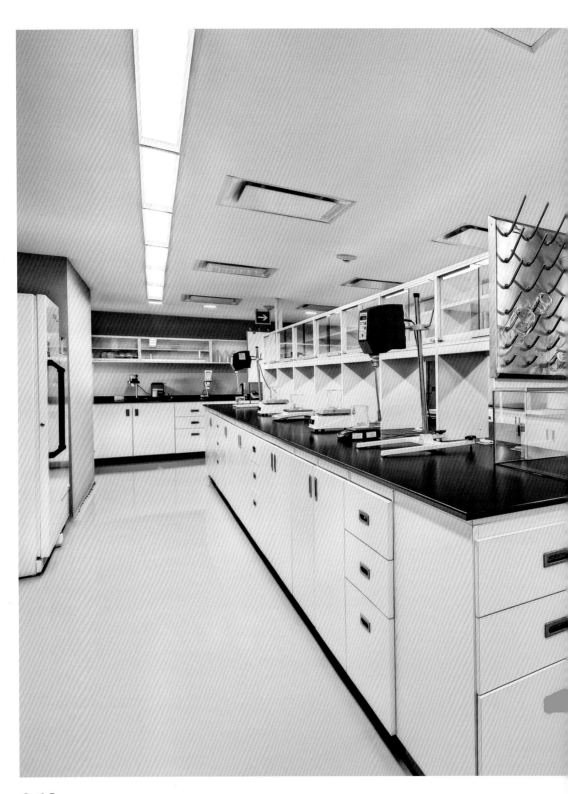

073

075

077

080

082

083

084

089

SPACE PORT

090

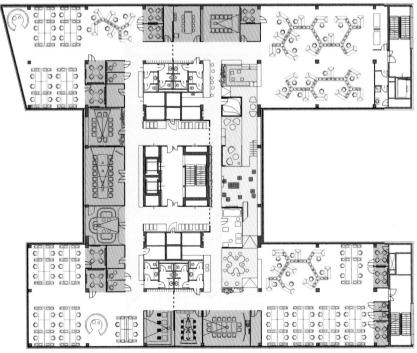

091

093

094

097

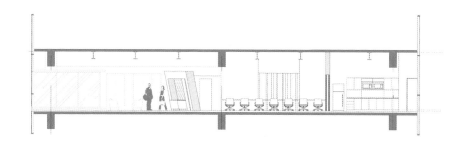

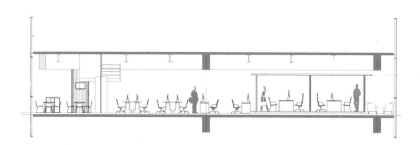

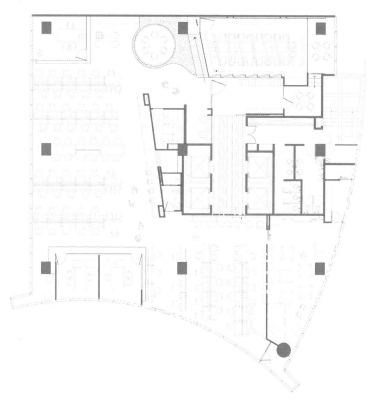

099

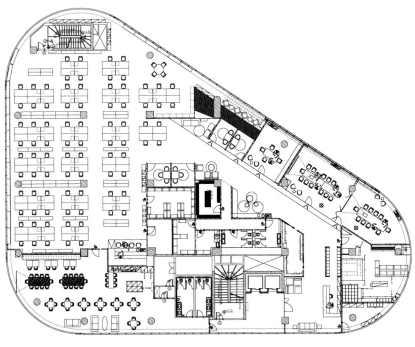

103

Strategic Fit
=
Shared Values
+
Shared Business Model

ly where we have a strong supplier base
n we be the leader in life at home.

108

109

110

111

113

114

115

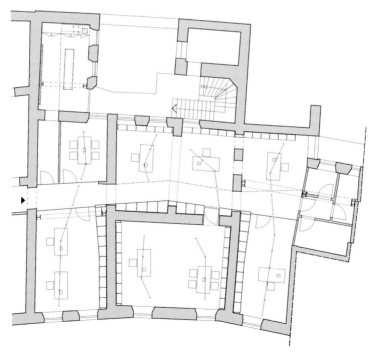

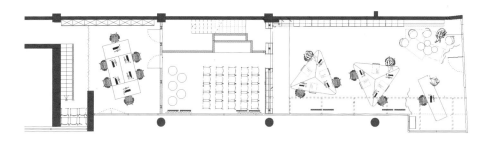

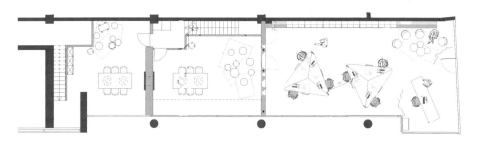

119

121

123

125

128

131

137

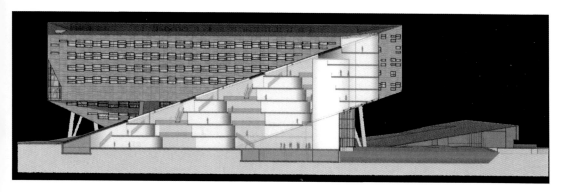

143

144

145

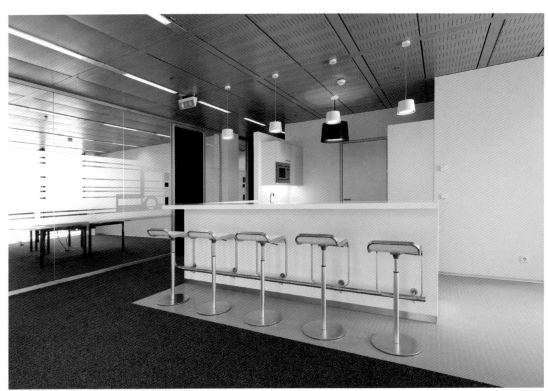

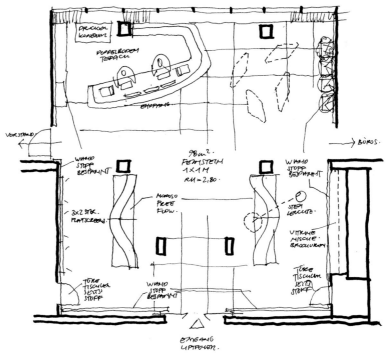

151

152

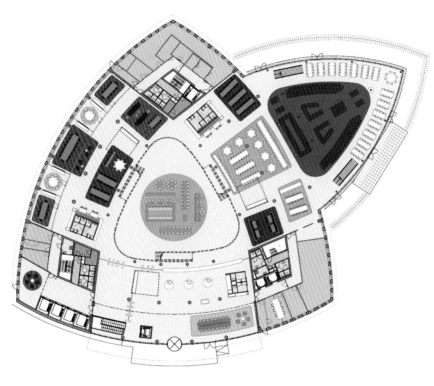

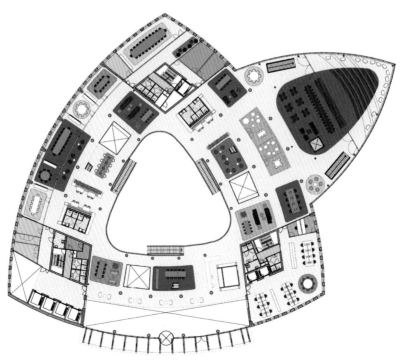

155

156

157

159

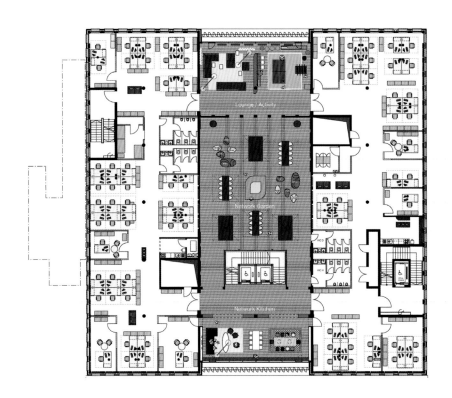

160

161

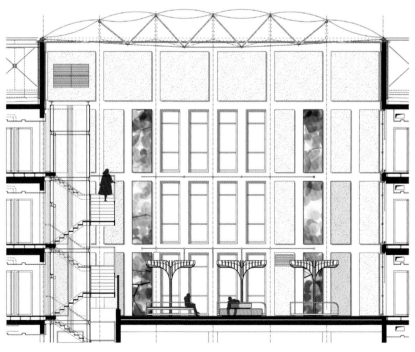

163

165

167

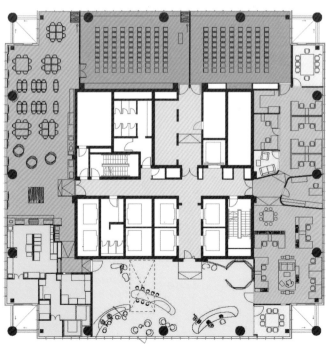

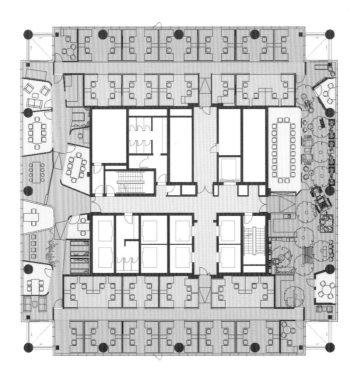

169

173

174

175

177

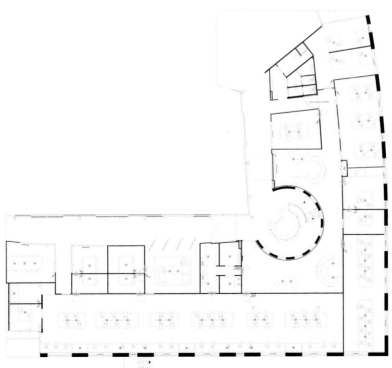

178

179

181

182

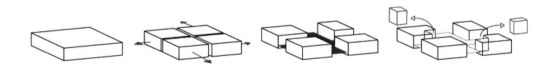

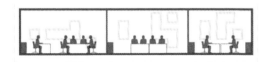
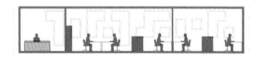

183

184

185

187

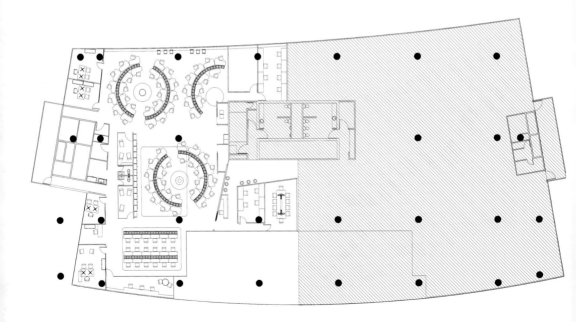

194

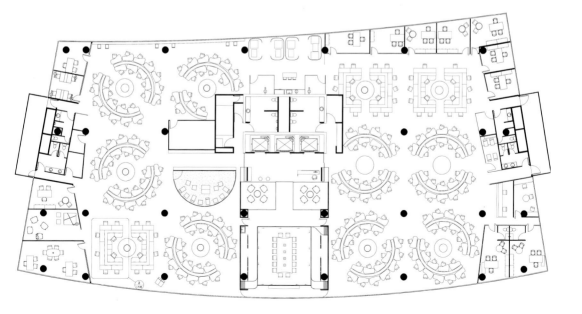

197

199

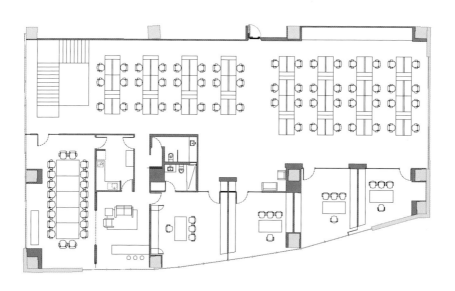

200

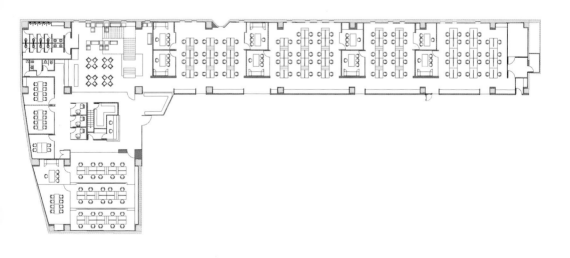

201

203

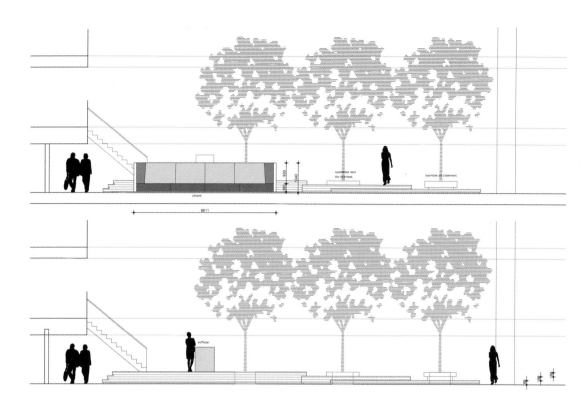

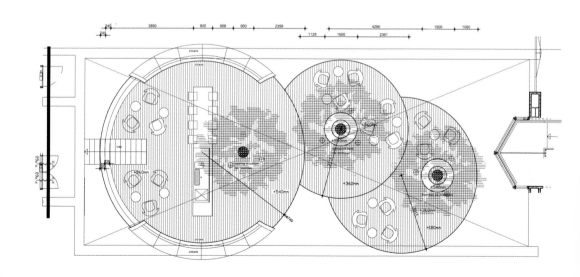

208

211

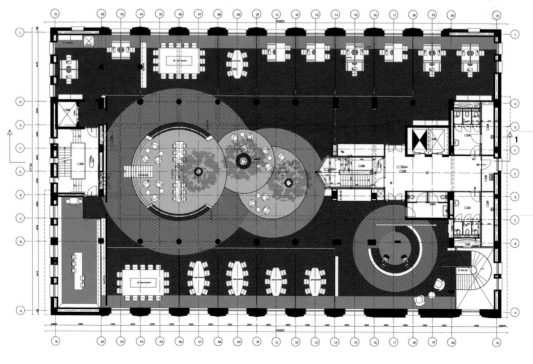

213

217

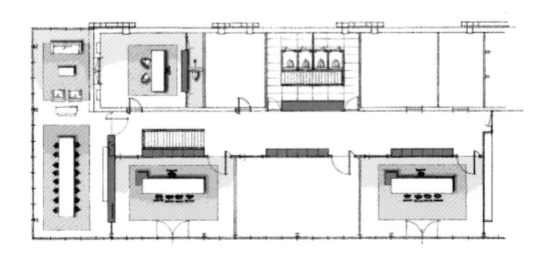

219

222

224

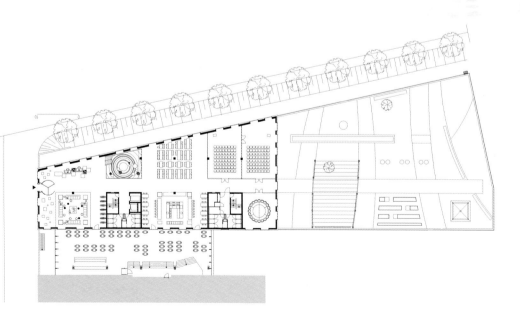

225

227

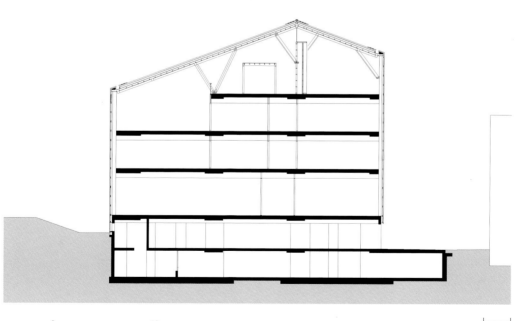

0   10

229

231

237

239

247

251

253

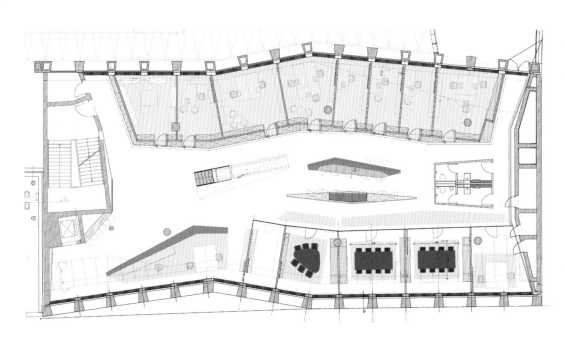

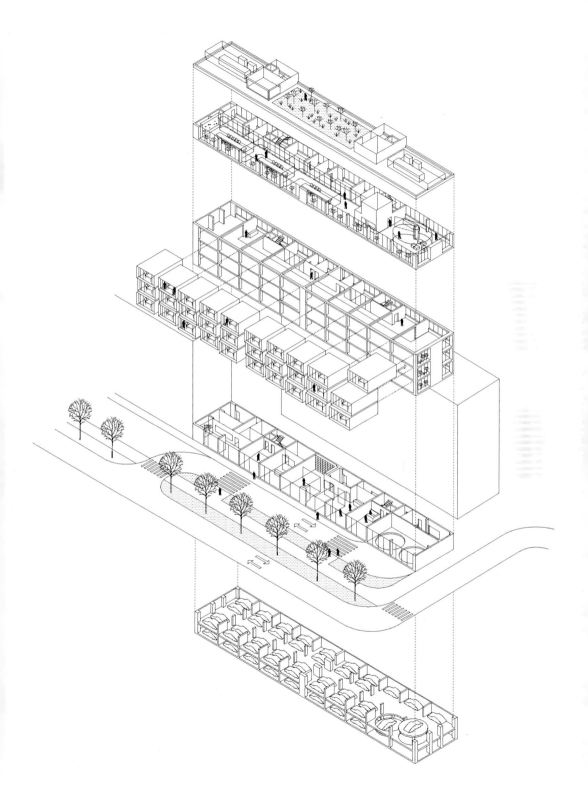

257

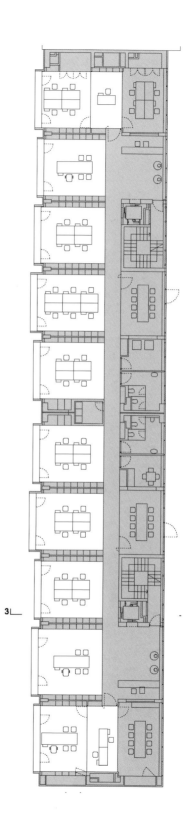

3└

259

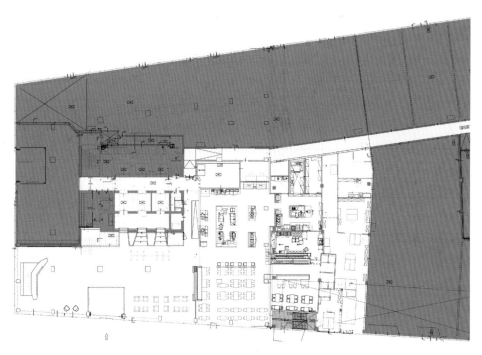

265

267

269

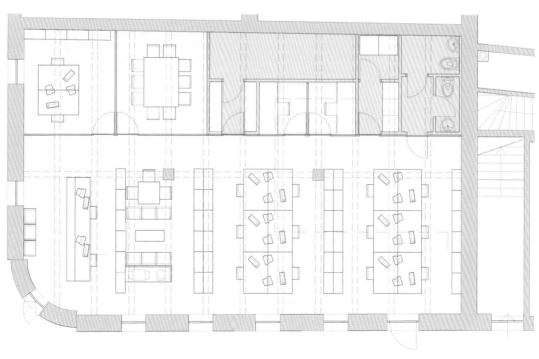

271

273

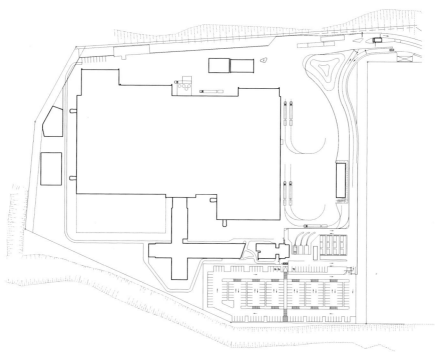

275

277

278

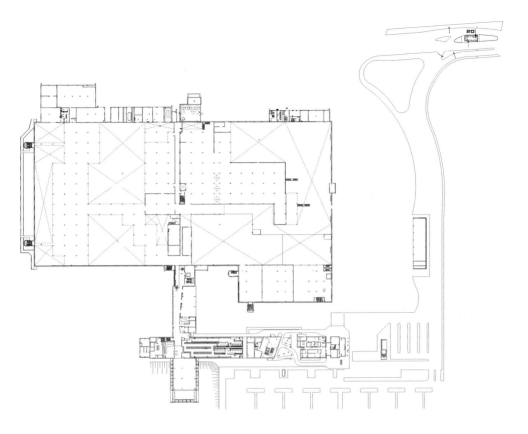

279

281

283

286

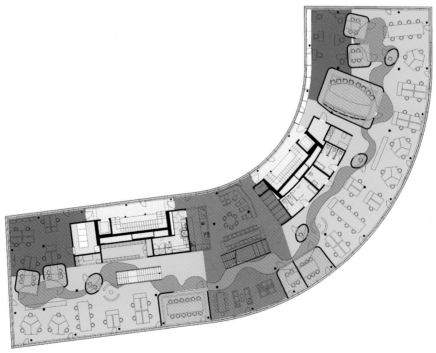

287

289

291

292

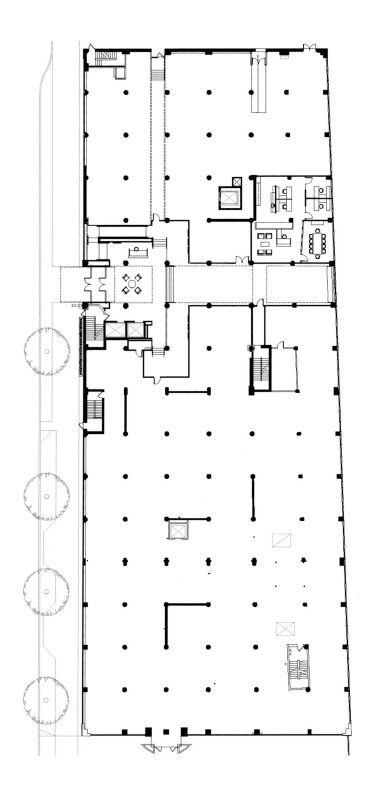

293

295

Index
索引

Index
索引

图书在版编目（CIP）数据

新空间：办公.1 / 《新空间》编辑组编；张晨译.
- 沈阳：辽宁科学技术出版社,2016.3
ISBN 978-7-5381-9555-2

Ⅰ. ①新… Ⅱ. ①新… ②张… Ⅲ. ①办公建筑－建
筑设计－作品集－世界 Ⅳ. ①TU238

中国版本图书馆 CIP 数据核字(2016)第 013617 号

出版发行: 辽宁科学技术出版社
　　　　　（地址：沈阳市和平区十一纬路29号　邮编：110003）
印 刷 者: 利丰雅高印刷（深圳）有限公司
经 销 者: 各地新华书店
幅面尺寸: 170mm×225mm
印　　张: 19
插　　页: 4
出版时间: 2016年 3 月第 1 版
印刷时间: 2016年 3 月第 1 次印刷
责任编辑: 殷　倩
封面设计: 周　洁
版式设计: 周　洁
责任校对: 周　文

书　　号: ISBN 978-7-5381-9555-2
定　　价: 88.00元

联系电话: 024-23284360
邮购热线: 024-23284502
http://www.lnkj.com.cn